KB247387

숲은 누가 만들었나

숲은
누가 만들었나

윌리엄 제스퍼슨 글
척 에커트 그림
윤소영 옮김

다산기획

생각해 보았나요?
숲은 어디서 오는지,
어떻게 자라는지.
이제부터 우리는
미국 매사추세츠에 있는 한 활엽수림이
어떻게 이루어졌는가를 알아볼 것입니다.
그렇다고 이 이야기를
매사추세츠에 있는 숲에 대한 것으로만
생각해서는 안 됩니다.
이 세상 어디서나
숲은 모두 같은 과정을 거쳐
태어나고 성장하기 때문입니다.
이제 우리의 숲 이야기를 위해
조금 먼 옛날로 돌아가야 하겠습니다.
지금으로부터 이백 년 전
이 숲이 있던 자리,
그곳에는 무엇이 있었을까요?

이백 년 전 이곳에서는
숲의 모습을 찾아볼 수 없었습니다.
어떤 농부 가족이 정착해서
황무지를 일궈 밭을 만들고 있었을 뿐이지요.
어느 날 농부 가족은
이 땅을 뒤로 하고 어디론가 떠났습니다.
그리고 모든 게 변하기 시작했습니다.
들판을 가로질러 부는 바람이
풀씨를 퍼뜨렸습니다.
나무열매를 쪼던 새들도
씨앗을 떨어뜨렸습니다.
맑게 갠 날은 빛나는 햇살이
씨앗을 따사로이 비춰 주고,
비 오는 날은 작은 빗방울들이
씨앗을 촉촉이 적셔 주었습니다.
씨앗들은 싹을 틔웠습니다.

이렇게 몇 년이 흘렀습니다.
온 땅이 껑충 자란 잡초들로 덮였습니다.
키 작은 민들레도 있었고
큼직한 노란 꽃을 피우는 미역취도,
작은 흰 꽃을 피우는 별꽃도 있었습니다.
열매에 흰 털이 보송보송한 왕고들빼기도,
키 큰 돼지풀도, 노랑데이지도 보였습니다.
새 봄이 올 때마다
새로운 식물이 뿌리를 내렸습니다.
몇 년 사이에 이곳은
전혀 다른 모습이 되었습니다.
이제 작은 풀 사이에서 우엉이 자라고
들장미 같은 가시나무들로 덤불이 우거져
대지는 더 많은 물기를 머금게 되었습니다.

검은딸기나무도 자랐습니다.
작은 새들이 날아와
그 열매를 따 먹었습니다.
고운 소리로 울음 우는
멧새, 쌀먹이새,
고양이흉내새 들이었습니다.

들쥐와 토끼 들은
키가 큰 풀숲 속에
집을 지었습니다.
마못, 두더지, 뒤쥐 들도 찾아와
땅 속에 굴을 파고 살았습니다.
그러자 작은 동물을 잡아먹는
뱀도 찾아들었습니다.
하늘에서는
매와 올빼미 들이 빙빙 돌며
먹이를 노렸습니다.

이렇게 시간이 흘렀습니다.

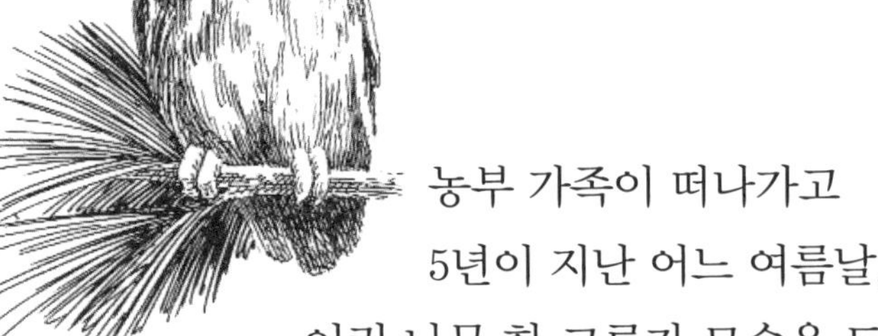

농부 가족이 떠나가고
5년이 지난 어느 여름날,
어린 나무 한 그루가 모습을 드러냈습니다.
양지바른 곳에서 잘 자라는
히말라야삼나무나 자작나무,
아니면 미루나무나 사시나무였을까요?
하지만, 아니었습니다.
그 어린 나무는
또 하나의 양지 식물,
스트로브소나무였습니다.
언젠가 바람이 세게 불던 날
가까운 숲에서 이 나무의 씨가 날아왔고
그것이 싹터 어린 나무가 된 것입니다.

그 해 여름
모습을 드러낸 어린 나무는
단 한 그루만이 아니었습니다.
여기저기서 어린 소나무들이
자라고 있었습니다.
멀리서 본 초원은 이제
진초록 빛 작은 점이
알알이 박힌 모습이었습니다.
다시 몇 해가 흘렀습니다.
이제 스트로브소나무들은
초원에 굳건히 뿌리 내렸습니다.
나무를 연구하는 과학자들은
어떤 곳에 제일 먼저 자리 잡는 나무를
'개척자' 나무라고 합니다.
여기서는 스트로브소나무지요.
다른 나무들은 짧은 시간 동안
이 소나무만큼 많이 자라지 못했습니다.

소나무가 자라는 동안
전에 살던 새들은
다른 풀밭을 찾아 떠나고,
덤불에 사는 새들이 찾아왔습니다.
검은방울새를 닮은 토히새,
휘파람새, 바위종다리 들이 이사 와서
덤불 속에 집을 지었습니다.

새들만 이사 온 것이 아니었습니다.
쥐와 토끼, 작은 새 들을 잡아먹는
족제비와 여우도 찾아들었습니다.

맨 처음 어린 소나무가 나타난 지도
벌써 20년이 되었습니다.
이제는 어디에나 스트로브소나무가
울창하게 자라서
무성한 솔가지가 햇빛을 가렸습니다.
예전에 자라던 풀들은
찾아볼 수 없었습니다.
햇빛이 들지 않는 곳에서는
살 수 없었기 때문입니다.
한데 이 소나무 숲 속에서
살 수 없는 것이 또 있었습니다.
바로 어린 소나무들이었습니다.
무성하게 자란 소나무들 때문에
햇빛을 볼 수 없게 된 어린 소나무들은
자라지도 못하고 시들어 버렸습니다.

응달에서 잘 자라는 나무들만이
솔 그늘 아래서도 싹을 틔우고
성장할 수 있었습니다.
이 나무들은 솔잎처럼 뾰족한 잎이 아닌
넓고 큰 잎사귀를 갖고 있었습니다.
활엽수들인 것입니다.
물푸레나무, 붉은떡갈나무,
꽃단풍, 튤립나무 들이었지요.
응달을 좋아하는 이 나무들은
솔 그늘 속에서도 쑥쑥 자랐습니다.

어린 활엽수들이 자라기 시작한 지
15년밖에 되지 않았지만,
스트로브소나무 사이사이에
이 새로운 나무들이
빽빽하게 들어섰습니다.
나무들은 서로 경쟁하기 시작했습니다.
이제 강한 나무들만이 살아남을 것입니다.
과학자들은, 이렇게 어떤 지역에서
나무나 동물이 다른 종류로 변해 가는 일을
'천이' 라고 합니다.
시간이 흐름에 따라
새로운 나무나 동물의 종이
이전에 있던 것의 뒤를 이어
살게 된다는 뜻입니다.

나무들 사이에 경쟁이 일어나
소나무가 자리를 잃어 가는 동안
숲에 사는 동물의 세계에도
변화가 일어났습니다.
전에 살던 들쥐들은 이제
먹을 것을 구하기도,
보금자리를 지을 풀밭을 찾기도 힘들어
다른 곳으로 떠날 수밖에 없었습니다.
그리고 그 빈자리는 곧이어
비단털쥐들로 메워졌습니다.
비단털쥐들은 나무줄기의
우묵하게 팬 구멍에 집을 짓고
여러 가지 나무열매를 먹었습니다.

활엽수들이 많이 자라면서
전에는 살지 않았던
아름다운 동물이 살게 되었습니다.
사슴입니다.
활엽수가 자란 숲 속에는
큰 몸을 숨길 곳이 많아
사슴도 위험을 피할 수 있었습니다.
또 어디에나 연한 나무줄기가 있어
쉽게 먹이를 구할 수도 있었습니다.

붉은홍관조들도 숲을 찾아와
나뭇가지 사이에 집을 지었습니다.
미국솔새, 땅미국솔새,
목도리들꿩 같은 새들도 찾아왔습니다.
다람쥐들도 찾아와
껍질이 단단한 나무열매를 모았습니다.
다람쥐들이 땅에 모은 열매 중에는
싹을 틔우는 것도 있었습니다.

농부 가족이 떠난 지도
벌써 40년이 되었습니다.
어느 여름날,
숲에 폭풍우가 몰려왔습니다.
키가 큰 소나무들이 벼락을 맞아
몇 그루가 죽고 말았습니다.
어떤 소나무는 줄기가 부러졌습니다.
거센 비바람에
뿌리째 뽑혀 나가는 것도 있었습니다.
벼락이 떨어진 나무에 불이 붙어
나뭇가지를 태우기도 했습니다.

나무들이 쓰러졌으니
숲이 작아졌을까요?
아니, 그렇지 않습니다.
숲은 이런 죽음과 더불어
성장하기 때문입니다.
소나무들이 쓰러진 자리에서는
큰 나무들 틈에서 이제나저제나
때만 기다리던 어린 나무들이
무럭무럭 자라기 시작했습니다.
시간이 흐르면서 곤충과 전염병이
다른 소나무들을 쓰러뜨렸습니다.
소나무들이 하나 둘 쓰러질 때마다
붉은떡갈나무, 물푸레나무,
꽃단풍나무가 자리를
이어받았습니다.

숲은 새록새록 울창해졌습니다.
농부 가족이 떠나간 지도 어언 80여 년,
1860년이 되었습니다.
들풀만 무성하던 초원에 이제는
아름드리나무가 빽빽이 들어섰습니다.
초원에 처음 뿌리 내린 스트로브소나무는
이제 찾아보기 어렵게 되었습니다.
숲은 온통
붉은떡갈나무와 꽃단풍,
물푸레나무로 뒤덮였습니다.
사람의 나이로 생각해 보면
숲은 이제
중년기에 접어든 것입니다.

낮에도 어두컴컴한 나무 그늘 속에서
새로운 어린 나무가 자라고 있었습니다.
너도밤나무와 설탕단풍 들이었습니다.
이 나무들의 어린 나무는
햇빛이 거의 닿지 않는 곳에서도
잘 자랄 수 있었습니다.
하지만 붉은떡갈나무, 꽃단풍,
물푸레나무가 자라기에는
숲 속이 너무 어두웠습니다.
게다가 이 나무들은 더 많은 물과
다른 성질의 흙을 필요로 했습니다.
이제 숲 속에서는
붉은떡갈나무와 물푸레나무,
꽃단풍의 어린 나무는 찾아볼 수 없고
대신 어린 너도밤나무와 설탕단풍이
자라기 시작했습니다.

해마다 가을이 오면
숲의 나무들은 나뭇잎을 떨어뜨렸습니다.
땅에 떨어진 나뭇잎과 잔가지는 천천히 썩어
기름진 흙을 만들었습니다.
나뭇잎이 썩어 생긴 이런 기름진 흙을
'부엽토' 라고 합니다.
숲에선 언제나
눈에 보이지 않는 세균이랑
작은 벌레, 곰팡이 들이
나뭇잎과 가지를 분해해서
좋은 흙을 만들었습니다.
나무들은 부엽토에서
양분과 물을 얻어
기운차게 성장했습니다.
때로는 동물이나 곤충이 죽어
이런 흙에 섞여 들어갔습니다.

농부 가족이 떠나고
100년의 세월이 흘렀습니다.
소나무를 뒤이어 무성하게 숲을 덮었던
붉은떡갈나무, 꽃단풍,
물푸레나무 들이 스러져 가며
너도밤나무와 설탕단풍에
삶의 터전을 물려주었습니다.
너도밤나무와 설탕단풍은
나이가 많은 나무 아래쪽에서
낮은 층을 이루고 있었습니다.
식물이 무리를 이룬 곳에서
이렇게 낮게 자란 나무들을
'후계목' 이라고 합니다.

해마다 겨울이면
온 땅이 흰 눈으로 덮였습니다.
그리고 다시 봄이 오면
대지는 들꽃으로 수놓였습니다.
한 해 두 해
해가 바뀔 때마다
너도밤나무와 설탕단풍 들은
하늘을 향해서
팔을 더욱 길게 내뻗었습니다.
그 그늘에는 독미나리가 자랐습니다.
어느 틈엔가
붉은떡갈나무와 꽃단풍,
물푸레나무 들이
한 그루 또 한 그루
사라지고 있었습니다.

숲이 만들어지기 시작한 뒤로
150년이 흘러 1927년이 되었습니다.
이제 이 숲의 왕좌에 오른 것은
너도밤나무와 설탕단풍 들이었습니다.
그리고 평화로운 숲을 사랑하는 한 가족이
이곳의 주인이 되었습니다.
이 가족은 오래 전 농부 가족이
집을 짓고 살던 그 자리에
새 집을 지었습니다.
하지만 밭을 일구지는 않았습니다.
숲의 소리에 귀 기울이고
숲의 모습을 지켜 볼 뿐이었지요.
예전의 그 너른 들판이
아름다운 숲으로 변했습니다.
이제 이 숲은

살쾡이를 닮은 스라소니랑
여우, 곰, 사슴, 다람쥐, 비단털쥐,
온몸이 긴 털로 덮인 호저,
그리고 다른 많은 생물이
한데 얼려 살아가는 집입니다.

나무뿌리는 물을 머금어
흙이 물에 씻겨 내리지 않도록 합니다.
나뭇가지에는 새들이 찾아와
둥지를 틀거나 쉬어갑니다.
땅에 떨어진 나뭇잎은 썩어서
흙을 더욱 기름지게 합니다.
온 세상의 모든 숲이
매사추세츠에 있는 이 숲과
같은 길을 따라 성장합니다.
어느 나라에 있는가,
어떤 기후인가에 따라
나무의 종류는 다를 테지만
숲의 성장 과정은 똑같습니다.
숲 속에서
언제나 변치 않는 것은 없습니다.
오래 된 나무가 죽어 간 자리에선 언제나
어린 나무가 새로 자랍니다.

다음에 숲에 가거든—

이 숲은 언제부터 있었을까 생각해 봅니다.

숲에서 만나는 나무의 이름을 알아봅니다.
(식물도감을 갖고 가면 좋겠지요.)

숲은 세 단계로 성장합니다.

♣ 개척자 식물이 뿌리 내리는 시기
♣ 중간 단계
♣ 마지막 단계인 극상

여러분이 만난 숲이 어떤 단계에 있는지
생각해 봅니다.

충분히 성장한 숲은 다섯 층을 이룹니다.

♣ 제일 위에 지붕처럼 잎이 빽빽이 우거진 층
♣ 밑으로 키가 조금 작은 나무들이 이루는 하층
♣ 작은키나무(관목)의 덤불이 이루는 층
♣ 숲 속의 풀이 이루는 층
♣ 땅에 떨어진 나뭇잎이 이루는 층(임상)

여러분이 찾아간 숲에
다섯 층이 모두 있는지 알아봅니다.

나무 그루터기가 보이거든
나이테를 세어
나무의 나이를 알아봅니다.

곰팡이는 썩어 가는 나무에서 삽니다.
쓰러진 나무에서
곰팡이나 버섯을 찾아봅니다.

나무가 해충의 피해를 받지 않았는지,
딱따구리가 뚫어놓은 구멍이 있는지
찾아봅니다.

숲 속에서 사는 동물의 흔적을 찾아봅니다.

♣ 발자국
♣ 똥
♣ 털이나 깃털, 뱀의 허물
♣ 새집, 땅 속이나 나무의 굴집
♣ 뼈

독이 있는 식물을 알아봅니다.

♣ 옻나무
♣ 개옻나무
♣ 붉나무

숲에는 반드시 지켜야 하는 규칙이 있습니다.

♣ 불을 놓지 않습니다.
♣ 혼자 깊이 들어가지 않습니다.
♣ 잘 모르는 풀이나 열매, 버섯을 먹지 않습니다.
♣ 나무껍질을 벗기지 않습니다.
　껍질이 벗겨지면 나무가 병들기 쉽습니다.
　그리고 나무껍질을 많이 벗겨 내면
　나무가 죽을 수도 있습니다.
♣ 나무가 살아 있다는 것을 기억해야 합니다.
　살아 있는 것으로 대접해 주어야지요.

지금까지 우리는 미국 매사추세츠에 있는 숲의 천이 과정을 살펴 보았습니다. 책의 첫머리에서 지은이가 말하고 있듯이, 지구상의 숲들은 그 모습은 제각기 다르지만, 일정한 변화 과정(천이 과정)을 밟아간다는 점에서는 모두 마찬가지입니다.

우리 나라 숲은 어떠할까요? 우리 나라 숲의 변화 과정을 알아 보려면 경기도 광릉의 소리봉(높이 536미터)이라는 산에서의 천이 과정을 살펴보면 좋습니다.

광릉은 1468년에 만들어진, 조선 7대 임금 세조의 능입니다. 세조는 자신이 직접 이 능을 만들면서 이 일대를 능림으로 지정하여 관리하게 했습니다. 그러다가 1913년에 다시 시험림으로 지정받았습니다. 그래서 이곳은 우리 나라의 '식물의 낙원'이라고 할 만큼 식물들이 잘 보존되어 있고 세계적으로도 그 가치를 인정받고 있습니다. 그리고 아름답기로도 유명합니다. 이른 봄 소리봉 일대에 새 잎이 돋고 가랑비라도 내리면 마치 한 폭의 수채화 같습니다. 나뭇잎들이 한창 돋아나는 속에서 꽃들이 다투어 피면 한 폭의 파스텔화로 보일 정도입니다. 이 아름다운 숲 속에서도 주인이 바뀌고, 숲의 모습이 달라지는 큰 변화들이 오랜 시간에 걸쳐 일어났던 것입니다.

오래 전 소리봉의 큰키나무(교목) 층에서는 잎이 바늘 모양(침엽수)인 소나무가 주인 노릇을 하고 있었습니다. 그러다가 지금부터 약 70년 전인 1920년부터는 잎이 넓은(활엽수) 신갈나무, 졸참나무, 갈참나무, 물푸레나무, 팥배나무 등이 주인으로 자리 잡기 시

작하였습니다. 얼마 전부터는 까치박달나무, 서어나무 들이 앞의 나무들을 밀쳐 내고 주인 자리를 넘보기 시작하였습니다. 조만간 이들이 당당하게 주인으로 자리 잡을 것으로 보입니다.

한편 작은키나무(관목) 층에서도 약 80년간에 걸쳐 주인이 바뀌는 변화가 이어지고 있습니다. 처음에는 우리가 잘 아는 진달래와 개옻나무, 참싸리, 병꽃나무가 주인이었습니다. 그러다가 참개암나무, 생강나무가 그 뒤를 이어 지배하더니 얼마 전부터는 고추나무, 작살나무, 괴불나무가 중심이 되어 오늘에 이르고 있답니다.

우리 나라 식물학자들이 조사한 바로는, 우리 나라 중부 지방에 너른 빈터가 나타나면 거기에 제일 먼저 망초나 개망초 등의 한해살이풀이 자라기 시작하고, 이어서 억새나 띠 같은 여러해살이풀이 자리 잡으며, 다음에는 괴불나무나 병꽃나무와 같은 식물들(양수 저목림)이, 이어서 참나무류나 층층나무와 같은 나무들(양수 고목림)이, 마지막에는 까치박달나무나 서어나무 같은 나무들(음수 고목림)이 주인으로 자리 잡아 간다고 합니다.

이처럼 우리 나라의 숲에서도 해가 바뀌고 계절이 바뀌어 갈 때, 숲의 주인이 바뀌고 숲의 모습이 달라지는 변화가 끊임없이 일어나고 있습니다.

(이 글을 쓰는 동안 임업연구원의 박광우 선생님과 이봉수 선생님께서 도움말을 주셨습니다.)

옮긴이의 말

저는 서울내기입니다만, 어릴 적 우리 동네는 지금의 그 어떤 시골 마을보다도 더 시골스러운 산동네였습니다. 우리 집 뒤에는 차고 맑은 물이 퐁퐁 솟아나는 샘이랑 조그만 채마밭이랑 동네 아이들이 모여 놀던 꽤 큰 마당이 있었습니다. 그 뒷마당에는 조그만 납작바위가 하나 있었는데 어느 핸가 그 바위 옆에 빨간 양귀비꽃 한 송이가 피어났습니다. 바람에 실려 날아온 씨앗이 싹을 틔웠던 모양입니다. 마술처럼 갑자기 피어난 아름다운 꽃송이에서 신비로운 자연의 손길을 느낄 수 있었습니다.

이 책을 우리말로 옮기면서 어린 시절의 이런저런 일들이 떠올라 한동안 기억 속을 떠다녔습니다. 철따라 산딸기랑 싱아, 진달래꽃, 까마중을 따 먹던 기억, 밭에서 당근이랑 무를 뽑아 먹고 열무꽃대를 따서 껍질을 벗겨 먹던 일들이 새삼 그립습니다. 비록 가난하지만 아이들에게는 참으로 많은 자유가 주어지던 날들이었지요.

우리는 이 책을 통해 하나의 숲이 어떻게 이루어지고 변해 가는 가를 알 수 있습니다. 세밀하고도 정겨운 그림과 함께 숲의 역사를 여행하면서 나무나 풀뿐만이 아니라 동물이나 곤충, 버섯, 곰팡이, 세균까지 숲의 한 부분을 이루고 있음도 알게 됩니다. 그리고 하나의 숲에서 그 과거의 모습과 미래의 모습까지 그려 볼 수 있는 눈을 갖게 됩니다. 눈에 보이는 것 이상을 볼 수 있는 그런 눈을.

아이들이 자연을 이해하고 사랑하는 사람으로 성장하기를 바라는 어머니, 아버지라면 이 책을 곁에 두고 자녀와 함께 읽으시기를 삼가 권해 봅니다.

윤소영

글 | 윌리엄 제스퍼슨 William Jasperson

미국 북동부 코네티컷 주의 뉴헤이븐에서 태어나 뉴햄프셔 주의 다트머스 대학을 졸업했습니다. 그 후에도 북동부의 버몬트 주에서 아내와 두 아이와 함께 살고 있습니다. 윌리엄 제스퍼슨은 이 책의 배경인 북동부 지역에서 태어나고 자라고 지금도 살고 있으니, 그곳의 숲에 대한 깊은 애정으로 이 책을 썼을 것입니다. 『우주는 어떻게 생겨났는가』『최초의 인간은 어떻게 살았는가』 등 여러 권의 책을 썼습니다.

그림 | 척 에커트 Chuck Eckart

미국 샌프란시스코에서 활발하게 활동하는 화가입니다. 그는 어린 시절을 캘리포니아 주의 요세미티 국립공원에서 보냈습니다. 『숲은 누가 만들었나』에 그린 그림은 에커트의 재능과 숲에 대한 사랑이 엮어낸 뛰어난 작품입니다.

옮김 | 윤소영

1961년 서울에서 태어나 서울대학교 사범대학 생물교육학과를 졸업했습니다. 중학교에서 학생들을 가르치고 있습니다. 또 『과학세대』 기획위원으로 활동하며 과학도서를 집필 · 기획 · 번역하는 일에 힘을 쏟고 있습니다. 지은 책으로는 『생물 에세이』『교실 밖 생물 여행』『신나는 생물 실험』 등이 있습니다. 옮긴 책으로는 『생각하는 생물 1 · 2』『지능은 어떻게 진화하는가』 『세상에서 가장 재미있는 유전학』『빌 아저씨의 과학 교실』『공룡 마니아』 등이 있습니다.

숲은 누가 만들었나

초판 1쇄	1994년 11월 10일
초판 5쇄	2009년 3월 15일
글	윌리엄 제스퍼슨
그림	척 에커트
옮긴이	윤소영
펴낸이	이우희
펴낸곳	도서출판 다산기획
등록	제16-465호
주소	(121-840) 서울 마포구 서교동 394-25 동양트레벨 1108호
전화	02-337-0764 전송 02-337-0765
ISBN	89-7938-006-2 43480

* 잘못 만들어진 책은 바꿔 드립니다.